Guía visual de abejas silvestres

y otros polinizadores del Real Jardín Botánico-CSIC y zonas verdes de Madrid

CSIC
Consejo Superior de Investigaciones Científicas

REAL JARDÍN BOTÁNICO

Primera edición: 2025
Primera reimpresión: mayo de 2026

Catálogo de Publicaciones de la Administración General del Estado: https://cpage.mpr.gob.es
Editorial CSIC: *http://editorial.csic.es* (correo: *editorialcsic@csic.es*)

Colabora: Fundación Española para la Ciencia y la Tecnología (FECYT)

ISBN: 978-84-00-11480-0
e-ISBN: 978-84-00-11481-7
NIPO: 155-25-132-4
e-NIPO: 155-25-133-X
Depósito legal: M-16987-2025

Corrección y coordinación editorial: Isabel M.ª Martín Jiménez (Editorial CSIC)
Diseño y maquetación: Luis Resines (Pelopantón)
Impresión y encuadernación: Exce
Impreso en España. *Printed in Spain*

En esta edición se ha utilizado papel ecológico sometido a un proceso de blanqueado ECF,
cuya fibra procede de bosques gestionados de forma sostenible.

Contenidos

Introducción

Esta guía pretende mostrar la gran diversidad de abejas silvestres y otros polinizadores que pueden observarse en las zonas verdes de la ciudad de Madrid —principalmente en el Real Jardín Botánico— y fomentar la curiosidad por estos animales.

Los insectos polinizadores son pequeños pero muy importantes, ya que permiten la reproducción del mundo vegetal, ¡cerca de un 90 % de las plantas con flor son polinizadas por ellos!

Huertos, jardines, parques o descampados abandonados son algunos lugares donde podemos pararnos a observar los viajes de los insectos en un ir y venir de flor en flor. Lo único que necesitamos es un poco de paciencia; detenernos un rato y echar un vistazo a ver quién se mueve por allí. Esta guía es una invitación a hacerlo para conocerlos un poco más. Contiene casi cien fotografías de abejas silvestres y treinta y una de otros insectos polinizadores (escarabajos, avispas, mariposas y moscas). Las últimas imágenes muestran algunos muy especiales: las aves; no son visitantes comunes en las flores, pero en el Real Jardín Botánico es frecuente verlas en un arbusto que está en plena floración en invierno —un momento en el que hay pocos recursos disponibles— y al que acuden a alimentarse de su néctar: el hediondo *(Anagyris foetida)*.

Cada imagen lleva asociada información acerca del polinizador, la planta sobre la que se encuentra y su localización. En el caso de las abejas, hemos incluido la familia a la que pertenecen y su tamaño aproximado, dato que es representado mediante un icono de color negro al lado de la silueta de una obrera *Apis mellifera* —una abeja conocida por todos—. Tras un rápido vistazo, nos sorprenderá conocer la variedad de colores, formas y tamaños que podemos encontrar en las abejas. Aunque a simple vista y sin detenernos nos parezcan iguales, no lo son. Te invitamos a que lo descubras.

Esta publicación es fruto de un trabajo colaborativo realizado gracias a la participación ciudadana surgida a raíz del proyecto «Abejas silvestres y otros polinizadores de nuestras zonas verdes», coordinado por el Real Jardín Botánico-CSIC con la colaboración de la Fundación Española para la Ciencia y la Tecnología del Ministerio de Ciencia, Innovación y Universidades.

La mayor parte de las imágenes son de Javier Martín González, naturalista y visitante asiduo del Real Jardín Botánico que lleva años compartiendo no solo las fotografías que realiza, sino también sus conocimientos. El resto han sido aportadas por José Ignacio Pascual Hergueta, Antonello Dellanotte, Marisa Esteban Ruiz y las personas que participaron en el concurso fotográfico «Abejas silvestres y otros polinizadores» y cuyas fotografías fueron seleccionadas para esta guía: Ainhara Su Castillo Corrales, Andrea Fernández Doctor, Bárbara Jiménez Calvo, Carmen Fernández Martínez, Celsa Vega Sombría, Christian Zey Gómez, Enrique Ferrer López, Erik Brehmer Bernardos, Estefanía Casanova Cano, Fernando Saura González de Lara, Javier Hernández Medrano, Jorge Martínez Huelves, Luis Lozano Díaz, Manuel Bernal Pérez, Marina Hernández García, Mercedes Urosa Moreno, Miguel González Parreño, Nicole Lefevre, Noemí Rodriguez Hermida, Pedro Antonio Lázaro Molinero, Silvia Medina Villar y Susana Víñez Rubio.

Los textos que las acompañan son autoría de: Inés Jiménez Fernández, Javier Martín González, José Ignacio Pascual Hergueta y Clara Vignolo Pena (coord.).

Fotografía: Javier Martín

ABEJAS

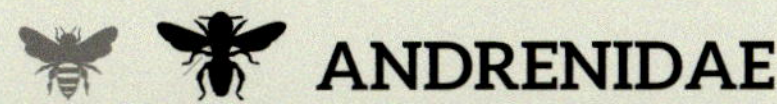

Fotografía: Javier Martín

Andrena albopunctata se acerca a las flores *Allium ampeloprasum*

Real Jardín Botánico

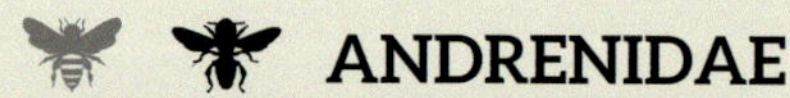

ANDRENIDAE

Fotografía: José Ignacio Pascual Hergueta

♀ *Andrena* (*Chlorandrena*) visita flores de compuesta

Arboreto de la ETSI Montes

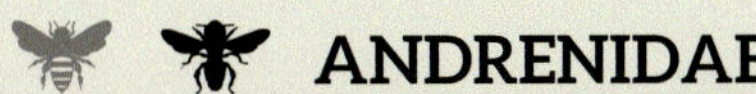

Fotografía: José Ignacio Pascual Hergueta

♀ *Andrena flavipes* visita una flor de *Cistus albidus*

Arboreto de la ETSI Montes

♀ *Andrena flavipes* visita una flor de *Brassica rapa* (grelo)

Huerto de Bellas Vistas

Fotografía: José Ignacio Pascual Hergueta

♀ *Andrena florentina* visita una flor de *Brassica rapa* (grelo)

Huerto de Bellas Vistas

Fotografía: José Ignacio Pascual Hergueta

♀ *Andrena haemorrhoa* visita una flor de *Prunus laurocerasus*

Arboreto de la ETSI Montes

Fotografía: José Ignacio Pascual Hergueta

♀ *Andrena labiata* visita una flor de *Diplotaxis* sp.

Arboreto de la ETSI Montes

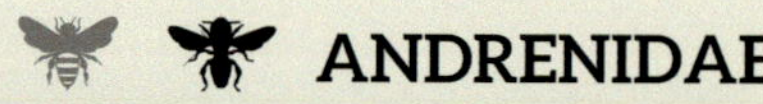

Fotografía: Javier Martín

♂ *Andrena* sp. visita flores de compuesta

Real Jardín Botánico

Fotografía: Javier Martín

♀ *Andrena* sp. visita una flor de crucífera

Huerta del Real Jardín Botánico

Fotografía: Javier Martín

♀ *Andrena* sp. visita una flores de *Allium ampeloprasum* var. *porrum* (puerro)

Huerta del Real Jardín Botánico

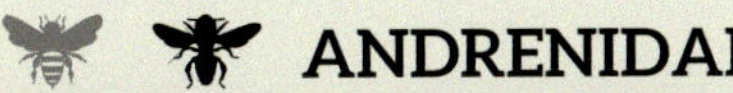

ANDRENIDAE

Fotografía: Javier Martín

♀ *Andrena* sp. visita una flor de crucífera

Huerta del Real Jardín Botánico

Fotografía: Javier Martín

♀ *Andrena* sp. visita una flor de crucífera

Huerta del Real Jardín Botánico

Fotografía: Javier Martín

♀ *Andrena* sp. visita las flores de *Viburnum* sp.

Real Jardín Botánico

Fotografía: Javier Martín

♂ *Andrena* sp.

Real Jardín Botánico

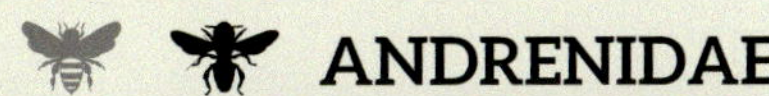

Fotografía: Javier Martín

♀ *Andrena* sp. visita una flor de crucífera

Huerta del Real Jardín Botánico

Fotografía: Ainhara Su Castillo Corrales

Andrena sp. capturada por una araña cangrejo del género *Thomisus* sp. en una flor de *Asphodelus* sp.

Real Jardín Botánico

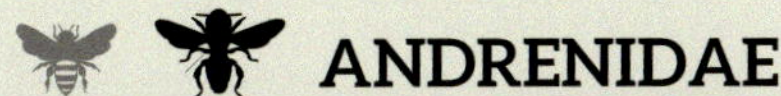

Fotografía: Estefanía Casanova Cano

Andrena sp. recolecta polen sobre una flor de cistácea

Parque de La Gavia

Fotografía: Javier Hernández Medrano

♂ *Andrena* sp. forrajea sobre flores de compuesta

El Pardo

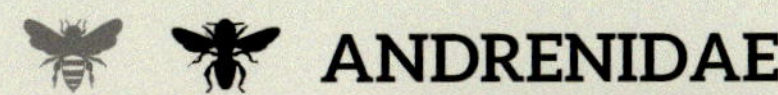

Fotografía: Noemí Rodríguez Hermida

Andrena sp. sale de una flor de *Rosa* sp.

Real Jardín Botánico

Fotografía: Javier Martín

♂ *Panurginus* sp. visita una flor de crucífera

Huerta del Real Jardín Botánico

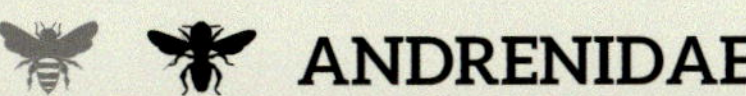

Fotografía: Miguel González Parreño

Panurgus sp. forrajea sobre flores de *Andryala integrifolia*

Universidad Autónoma de Madrid

Fotografía: Javier Martín

♀ *Amegilla* sp. visita flores de *Dahlia* sp.

Zona de ornamentales del Real Jardín Botánico

Fotografía: Javier Martín

♀ *Anthophora* sp. visita una flor de crucífera

Huerta del Real Jardín Botánico

Fotografía: Javier Martín

♀ *Anthophora* sp. visita una flor de *Borago officinalis* (borraja)

Huerta del Real Jardín Botánico

Fotografía: Javier Martín

♂ *Anthophora* sp. visita una flor de *Ajuga* sp.

Real Jardín Botánico

Fotografía: José Ignacio Pascual Hergueta

♂ *Anthophora quadrimaculata* visita una flor de *Borago officinalis* (borraja)

Huerto de Bellas Vistas

Fotografía: Jorge Martínez Huelves

♀ *Anthophora* sp. sobre una flor de *Erysimum* sp.

Montaña artificial de El Retiro

Fotografía: Marina Hernández García

♀ *Anthophora* sp. visita una flor de *Salvia* sp.

Parque de la Quinta de Torre Arias

Fotografía: Mercedes Urosa Moreno

Varias *Apis mellifera* sobre una flor de *Papaver* sp.

Barajas

Fotografía: Javier Martín

♀ *Bombus* sp. visita una flor de *Cistus* sp.

Real Jardín Botánico

Fotografía: Carmen Fernández Martínez

♀ *Bombus* sp. sobre flores de *Echinacea* sp.

Villaverde bajo

Fotografía: Javier Martín

♀ *Ceratina* sp. sobre flores de compuesta

Real Jardín Botánico

Fotografía: Javier Martín

♀ *Ceratina* sp. visita flores de compuesta

Real Jardín Botánico

Fotografía: Javier Martín

♀ *Ceratina* sp. visita una flor de boraginácea

Real Jardín Botánico

Fotografía: Javier Martín

Epeolus sp. visita una flor de *Satureja* sp. (ajedrea)

Real Jardín Botánico

Fotografía: Javier Martín

♂ *Eucera* sp. sobre una flor de *Tagetes* sp.

Huerto de Valdezarza

Fotografía: Fernando Saura

♂♂ Dos abejas *Eucera* sp. visitan una flor de *Papaver rhoeas* (amapola)

Moratalaz

Fotografía: Nicole Lefevre

♂ *Eucera* sp. sobre flores de compuesta

Entono de la Casa de Campo

Fotografía: Miguel González Parreño

♂ *Eucera* sp. descansa sobre una flor de cardo

Casa de Campo

Fotografía: José Ignacio Pascual Hergueta

♀ *Melecta* sp. visita una flor de *Vicia* sp.

Arboreto de la ETSI Montes

Fotografía: Javier Martín

♂ *Nomada* sp. visita flores de compuesta

Real Jardín Botánico

Fotografía: Javier Martín

♂ *Thyreus* sp. visita flores de *Cosmos* sp.

Real Jardín Botánico

Fotografía: Javier Martín

♂ *Xylocopa violacea* sobre flor de *Phlomis* sp.

Real Jardín Botánico

Fotografía: Antonello Delanotte

Xylocopa sp. sobre flor de *Rosa* sp.

Rosaleda del Real Jardín Botánico

COLLETIDAE

Fotografía: Javier Martín

♂ ♀ Dos *Colletes* sp. sobre flor de *Euphorbia* sp.

Real Jardín Botánico

Fotografía: Javier Martín

♂ *Colletes* sp. liba el néctar en una flor de *Euphorbia* sp.

Real Jardín Botánico

Fotografía: Javier Martín

♀ *Colletes* sp. sobre flor de *Euphorbia* sp.

Real Jardín Botánico

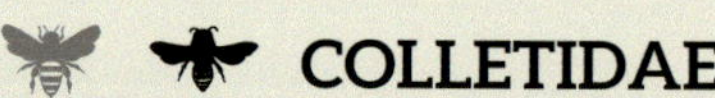

Fotografía: Javier Martín

♂ *Colletes* sp. visita flores de compuesta

Real Jardín Botánico

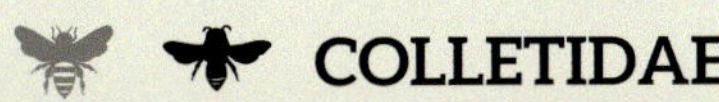

Fotografía: Erik Brehmer Bernardos

«Dormidero»: varias abejas *Colletes* sp. se juntan para dormir

Ciudad de la Imagen

COLLETIDAE

Fotografía: Javier Martín

♂ *Hylaeus sulphuripes* sobre flor de euforbiácea

Real Jardín Botánico

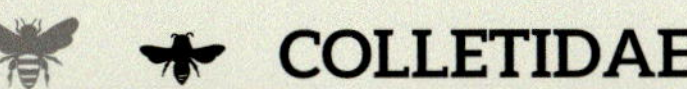

Fotografía: Javier Martín

♀ *Hylaeus pictus* sobre flor de crucífera

Real Jardín Botánico

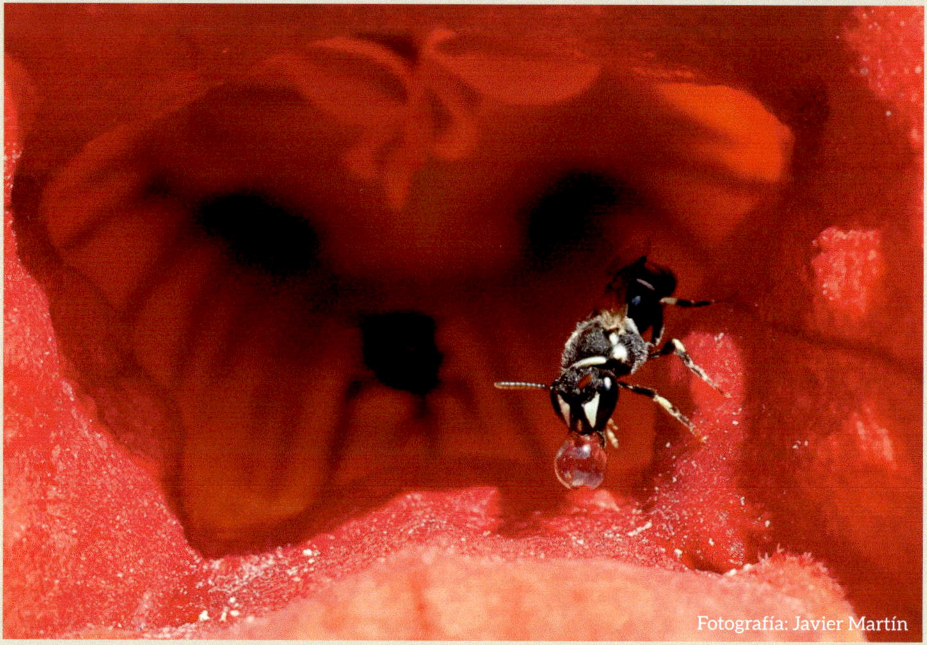

Fotografía: Javier Martín

♀ *Hylaeus* sp. concentra el azúcar de una gota de néctar en una flor de *Campsis x tagliabuana*

Real Jardín Botánico

Fotografía: José Ignacio Pascual Hergueta

♂ *Dufourea* sp. sobre flores de compuesta

Arboreto de la ETSI Montes

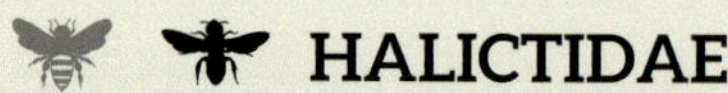

Fotografía: Javier Martín

♂♂ *Halictus scabiosae* sobre flores de *Dahlia* sp. y otro volando

Real Jardín Botánico

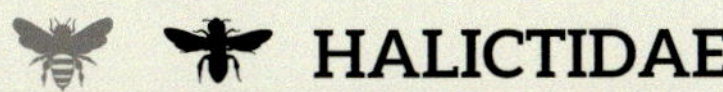

Fotografía: Javier Martín

♀ *Halictus scabiosae* sobre flores de compuesta

Real Jardín Botánico

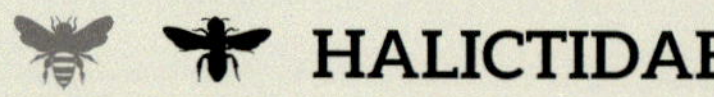

Fotografía: Javier Martín

♂ *Halictus* sp. visita flores de *Cosmos* sp.

La cabeza y una pata de la chinche depredadora *Zelus renardii* asoman por detrás. Abajo, a la izquierda, yace una pequeña abeja muerta sobre un pétalo

Real Jardín Botánico

Fotografía: Javier Martín

♀ *Halictus scabiosae* (izquierda) y *Megachile* sp. visitan flores de *Cosmos* sp.

Real Jardín Botánico

Fotografía: Christian Zey Gómez

Halictus sp. forrajea sobre flores de compuesta

Barrio de Estrella

HALICTIDAE

Fotografía: Javier Martín

♂ *Lasioglossum* sp. forrajea sobre flores de compuesta

Real Jardín Botánico

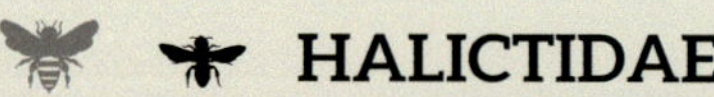

Fotografía: Javier Martín

♀ *Lasioglossum* sp. sobre una flor de *Carpobrotus* sp.

Real Jardín Botánico

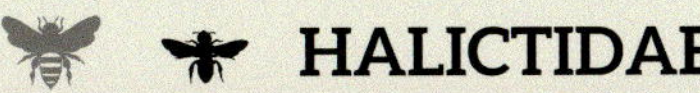

Fotografía: Javier Martín

♀ *Lasioglossum* sp. visita una flor de cistácea

Real Jardín Botánico

Fotografía: Marisa Esteban

Lasioglossum sp. forrajea sobre flores de *Centaurea polyacantha*

Real Jardín Botánico

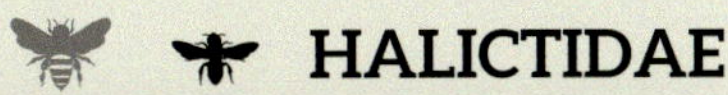

Fotografía: Javier Martín

Nomiapis sp. sobre flor de *Eryngium* sp.

 Real Jardín Botánico

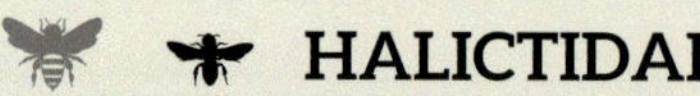

Fotografía: Javier Martín

♀ *Seladonia* sp. visita una flor de euforbiácea

Real Jardín Botánico

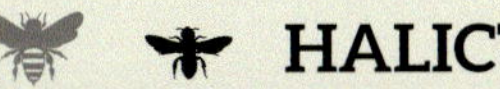

Fotografía: Javier Martín

♀ *Seladonia* sp. forrajea sobre una flor de labiada

Real Jardín Botánico

Fotografía: Antonello Delanotte

♀ *Seladonia* sp. sobre una flor de *Rosa* sp.

Real Jardín Botánico

Fotografía: José Ignacio Pascual Hergueta

♀ *Seladonia vestita* sobre planta de *Beta vulgaris* (acelga)

Huerto Bellas Vistas

♂ *Sphecodes* sp. sobre una flor de *Euphorbia* sp.

Real Jardín Botánico

MEGACHILIDAE

Fotografía: Javier Martín

♀ *Anthidium* sp. forrajea sobre flores de *Allium ampeloprasum* var. *porrum* (puerro)

Real Jardín Botánico

Fotografía: Javier Martín

♀ *Anthidium* sp. recolecta la pelosidad de la hoja de una planta para hacer su nido

Real Jardín Botánico

Fotografía: Marisa Esteban

♂ ♀ Macho y hembra de *Anthidium* sp. sobre *Rosa bracteata*

Rosaleda del Real Jardín Botánico

MEGACHILIDAE

Fotografía: Javier Martín

♂ *Anthidium florentinum* visita la flor de una boraginacea

Real Jardín Botánico

 MEGACHILIDAE

Fotografía: José Ignacio Pascual Hergueta

♀ *Anthidiellum strigatum* visita una flor de *Ruta montana*

Arboreto de la ETSI Montes

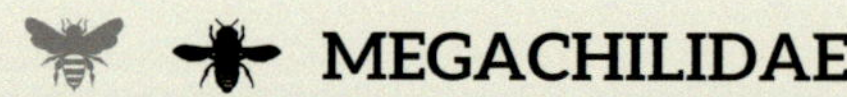

MEGACHILIDAE

Fotografía: José Ignacio Pascual Hergueta

♂ *Chelostoma edentulum* sobre flores de *Carduus* sp.

Arboreto de la ETSI Montes

MEGACHILIDAE

Fotografía: Javier Martín

♀ *Coelioxys* sp. sobre flores de compuesta

Real Jardín Botánico

MEGACHILIDAE

Fotografía: Javier Martín

♂ *Coelioxys* sp. sobre flores de compuesta

Real Jardín Botánico

MEGACHILIDAE

Fotografía: Javier Martín

♂ *Heriades* sp. visita flores de compuesta

Real Jardín Botánico

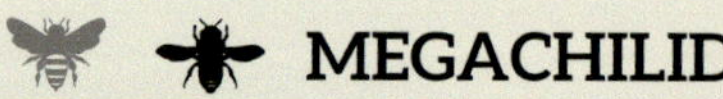

Fotografía: José Ignacio Pascual Hergueta

♂ *Hoplitis* sp. sobre tronco de árbol

Huerto de Bellas Vistas

MEGACHILIDAE

Fotografía: José Ignacio Pascual Hergueta

♂ *Icteranthidium grohmanni* sobre flores de *Carlina corymbosa*

Laguna de Ambroz

Fotografía: Javier Martín

Fotografía: Javier Martín

♂ *Lithurgus* sp. se alimenta sobre flores *Inula* sp.

Real Jardín Botánico

Fotografía: Javier Martín

♀ *Megachile* sp. visita una flor de *Euphorbia* sp.

Real Jardín Botánico

♀ *Megachile* sp. en su nido construido en el interior de un tallo de *Cynara scolymus* (alcachofa)

Huerta del Real Jardín Botánico

Fotografía: Javier Martín

♀ *Megachile* sp. atrapada por una araña cangrejo *(Thomisus sp.)* sobre una flor de *Ruta montana*

Casa de Campo

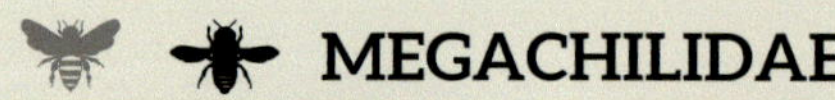

Fotografía: Luis Lozano Díaz

♀ *Megachile* sp. se acerca a flores de *Dahlia* sp.

Real Jardín Botánico

Fotografía: Miguel González Parreño

Nomada sp. visita una flor de *Teucrium fruticans*

Parque Enrique Tierno Galván

MEGACHILIDAE

Fotografía: Javier Martín

♀ *Osmia cornuta* sobrevuela una flor de *Salvia jordanii*

Real Jardín Botánico

Fotografía: Javier Martín

♀ *Osmia* sp. visita una flor de *Cistus albidus*

Real Jardín Botánico

♂ *Osmia aurulenta* forrajea sobre una flor de *Cistus albidus*

Arboreto de la ETSI Montes

Fotografía: José Ignacio Pascual Hergueta

♀ *Osmia caerulescens* forrajea sobre una flor de *Cistus albidus*

Arboreto de la ETSI Montes

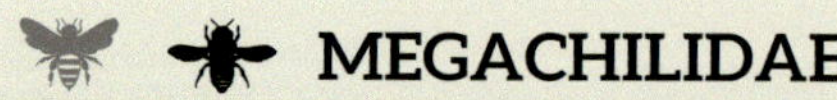

Fotografía: José Ignacio Pascual Hergueta

♀ *Osmia latreillei* forrajea sobre flores de *Sonchus tenerrimus*

Huerto de Bellas Vistas

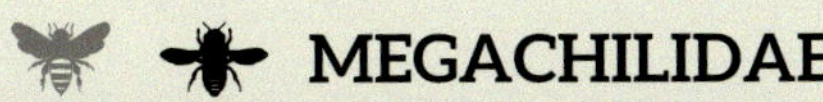

Fotografía: José Ignacio Pascual Hergueta

♂ *Osmia latreillei* forrajea sobre flores de *Sonchus tenerrimus*

Huerto de Bellas Vistas

Fotografía: Pedro Antonio Lázaro Molinero

Osmia sp. forrajea sobre una flor de *Alcea rosea*

Valdecarros, en el distrito de Vallecas

Fotografía: José Ignacio Pascual Hergueta

♀ *Pseudoanthidium* sp. sobre flores de *Mantisalca salmantica*

Arboreto de la ETSI Montes

Fotografía: Javier Martín

Stelis sp. se alimenta sobre flores de *Heliopsis* sp.

Real Jardín Botánico

Fotografía: Javier Martín

♀ *Zelus renardii* depredando *Heriades* sp. en una flor de *Coreopsis* sp.

Real Jardín Botánico

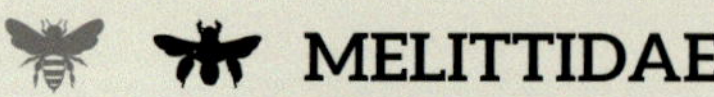

Fotografía: José Ignacio Pascual Hergueta

♂ *Dasypoda crassicornis* sobre flor de *Cistus ladanifer*

Monte de Valdelatas

Otros polinizadores

MARIPOSAS

Argynnis pandora liba néctar sobre flores de compuesta

Real Jardín Botánico

Argynnis pandora liba néctar sobre flores de *Zinnia* sp.

Real Jardín Botánico

Fotografía: Javier Martín

Iphiclides pheisthamelii sobre flores de dipsacacea

Real Jardín Botánico

Fotografía: Javier Martín

Lycaena phlaeas sobre *Erigeron karvinskianus*

Real Jardín Botánico

Macroglossum stellatarum liba néctar de una flor de crucífera

Real Jardín Botánico

Pararge aegeria sobre flores de *Euphorbia* sp.

Real Jardín Botánico

Pieris rapae liba néctar de una flor

Real Jardín Botánico

Polyommatus icarus sobre una flor de *Euphorbia* sp.

Real Jardín Botánico

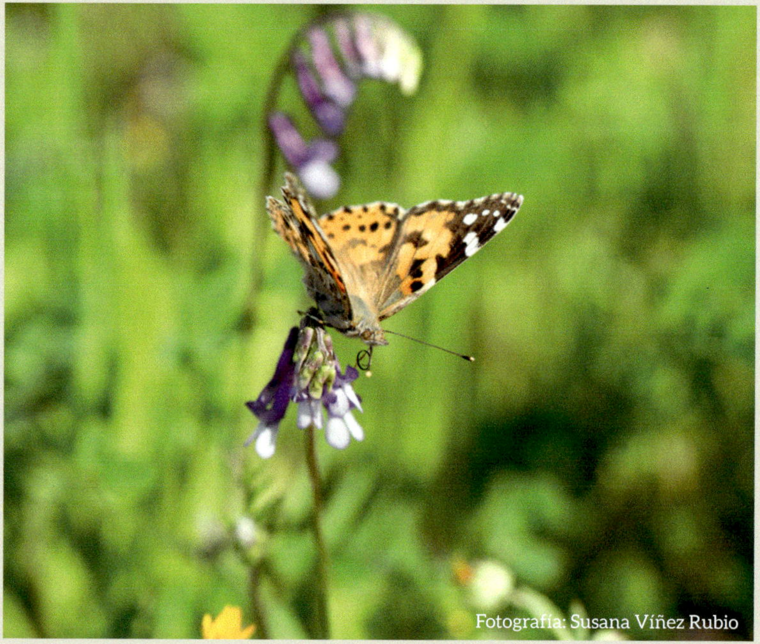

Fotografía: Susana Víñez Rubio

Vanesa cardui sobre flor de *Vicia cracca*

Parque Juan Carlos I

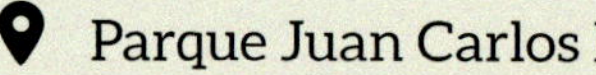

Otros polinizadores

MOSCAS

♂ *Ceriana vespiformis* visita una flor de *Rosa* sp.

Real Jardín Botánico

Episyrphus balteatus sobre flor de *Euphorbia* sp.

Real Jardín Botánico

Fotografía: Susana Víñez Rubio

♂ *Eristalis* sp. liba néctar sobre una flor de *Isatis tinctoria*

Jardín Botánico Alfonso XII

Fotografía: Celsa Vega Sombría

Eristalis tenax sobre flores de *Euphorbia oblongata*

Entrada al huerto del Parque de El Retiro

♂ *Eristalis similis* sobre flores de compuesta

Hortaleza

Fotografía: Javier Martín

Mallota dusmeti sobre una flor de *Euphorbia* sp.

Real Jardín Botánico

Fotografía: Javier Hernández Medrano

Mosca de la familia Syrphidae sobre flor

Entorno del Hospital Ramón y Cajal

Fotografía: Estefanía Casanova Cano

♀ *Myathropa florea* liba néctar de una flor de *Cistus* sp.

Parque de La Gavia

Fotografía: Andrea Fernández Doctor

Pareja de bombílidos (*Parageron gratus*) sobre flores de compuesta

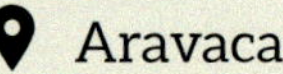 Aravaca

♂ *Sphaerophora scripta* sobre flores de *Coreopsis* sp.

Real Jardín Botánico

Fotografía: Carmen Fernández Martínez

♀ *Syrphus* sp. sobre flor de *Dahlias* sp.

Real Jardín Botánico

♀ *Volucella elegans* sobre flores de *Allium* sp.

Real Jardín Botánico

Otros polinizadores

AVISPAS

♀ *Bembix* sp. sobre flor de *Satureja montana*

Real Jardín Botánico

Fotografía: Javier Martín

♂ *Cerceris* sp. sobre flor de *Ruta chalepensis*

Real Jardín Botánico

♀ Avispa *Megascolia maculata* y abeja *Hylaeus* sp. visitan flores de *Allium ampeloprasum* var. *porrum* (puerro)

Real Jardín Botánico

♀ *Megascolia maculata* sobre *Cynara cardunculus* (cardo de huerta)

Real Jardín Botánico

♂ *Oxybelus uniglumis* visita flor de *Euphorbia* sp.

Real Jardín Botánico

138

♀ *Philanthus triangulum* sobre flores de *Allium* sp.

Real Jardín Botánico

Otros polinizadores

ESCARABAJOS

Fotografía: Javier Martín

Cantharis sp. sobre una flor de *Euphorbia* sp.

Casa de Campo

Exosoma lusitanicum sobre una *Euphorbia* sp.

Real Jardín Botánico

Fotografía: Silvia Medina Villar

Oxythyrea funesta se alimenta sobre una flor de *Cistus* sp.

Real Jardín Botánico

Otros polinizadores

AVES

Fotografía: Javier Martín

Gorrión común *(Passer domesticus)* se alimenta del néctar de las flores del hediondo *(Anagyris foetida)*

 Real Jardín Botánico

Fotografía: Javier Martín

Mosquitero común *(Phylloscopus collybita)* se acerca a las flores del hediondo *(Anagyris foetida)*

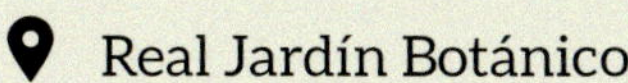

Real Jardín Botánico

Fotografía: Javier Martín

Curruca cabecinegra *(Sylvia melanocephala)* se alimenta del néctar de las flores del hediondo *(Anagyris foetida)*

Real Jardín Botánico